Das Skizzieren von Maschinenteilen in Perspektive.

Das
Skizzieren von Maschinenteilen
in Perspektive.

Von

Ingenieur Carl Volk.

Dritte, erweiterte Auflage.

Mit 68 in den Text gedruckten Skizzen.

Springer-Verlag Berlin Heidelberg GmbH 1911

ISBN 978-3-662-42311-0   ISBN 978-3-662-42580-0 (eBook)
DOI 10.1007/978-3-662-42580-0
Softcover reprint of the hardcover 3rd edition 1911

Alle Rechte, insbesondere das der
Übersetzung in fremde Sprachen, vorbehalten.

Vorwort zur 1. Auflage.

Als Schüler Radingers wurde ich frühzeitig an perspektivisches Zeichnen gewöhnt, und das Vorbild zu mancher der folgenden Figuren ließe sich in meinen Vorlesungsheften finden. Radingers Methode aber — sofern man überhaupt von einer solchen sprechen kann — habe ich nicht beibehalten. Wer je des verewigten Meisters „ohne jede Vorzeichnung" entworfene Skizzen im Maschinenzeichnen von Riedler bewundert hat, mußte sich klar sein, daß hier eine seltene Vorstellungskraft und eine unleugbar künstlerische Begabung am Werke war. Der „Kopf" formt und gestaltet den Gegenstand der Skizze, und die „Hand" zeichnet das fertige Bild ab, wie ein aus festem Stoff gefügtes Modell! Dieser Weg ist für den Anfänger und für den Ungeübten nicht gangbar. Er wird sich zuerst nur die einfachste Grundform vorstellen können, diese sofort skizzieren und nun den Maschinenteil entwickeln, am Papier gleichsam „bearbeiten" und vollenden. Dieses Verfahren hat Ähnlichkeit mit dem Gestalten eines rohen Werkstückes durch eine Reihe von Arbeitsvorgängen; das Skizzieren wird zu einem Schmieden, Drehen, Hobeln, Bohren, und die Zeichnung muß mühelos allen Formänderungen folgen können.

Somit mußte auch Radingers völlig willkürliche und nur dem Gegenstand des Bildes in glücklichster Weise angepaßte Wiedergabe verlassen und durch eine mehr regelmäßige Darstellung ersetzt werden.

Das Endziel bleibt natürlich immer das freie, durch keine Schranke gebundene Skizzieren; den Weg nach solchem Ziele aber möge diese kleine Arbeit erleichtern.

Cöln a. Rh., im Winter 1902.

Der Verfasser.

Vorwort zur 3. Auflage.

Seit einigen Jahren bedient man sich beim technischen Unterricht in steigendem Maße der Skizze. Dies wird man freudig begrüßen können, solange die Skizze als Dienerin und Helferin auftritt, solange sie das Sehen schärft und das Festhalten des Gesehenen übt, solange sie das Eindringen in die Einzelheiten eines Entwurfes oder das rasche Vergleichen verschiedener Ausführungsformen ermöglicht, solange sie also zur Vertiefung beiträgt.

Wenn aber die Skizze nicht ein Mittel zur gründlichen Arbeit ist, wenn sie die gründliche Arbeit ersetzen soll, dann wird man gegen sie Stellung nehmen müssen; nicht minder, wenn sie Selbstzweck sein will, wenn ein Aufwand von Mühe und Zeit vertan wird, um ein schönes Bild zu erhalten.

Nun dies Buch zum drittenmal hinausgeht, möchte ich alle Fachgenossen nicht nur bitten, das Skizzieren immer mehr und in seinen vielen Formen zu fördern, sondern sie auch aufrufen gegen jede Übertreibung, die der guten Sache nur schaden kann.

Berlin, im Winter 1911.

Der Verfasser.

Inhalt.

	Seite
1. Einleitung	1
2. Eben und zylindrisch begrenzte, einfache Maschinenteile	8
3. Zylinder, Kegel und Kugel (Grundformen gegossener Teile)	12
4. Übergangsformen und Umdrehungskörper (Grundformen geschmiedeter, gedrehter und gehobelter Teile)	15
5. Schnittfiguren	22
6. Lösung konstruktiver Aufgaben. Schlußbemerkungen	26

1. Einleitung.

Betrachtet man einen Würfel in seinen drei rechtwinkligen Projektionen (Sk. 1), so sieht man in der Ansicht nur die vordere Würfelseite C, in der Draufsicht nur die obere Seite A und in der Seitenansicht nur die linke Seite B. Soll schon eine einzige Projektion ein möglichst körperliches Bild des Würfels ergeben, so müssen zwei oder drei Seiten gleichzeitig sichtbar sein. Dreht man den Würfel

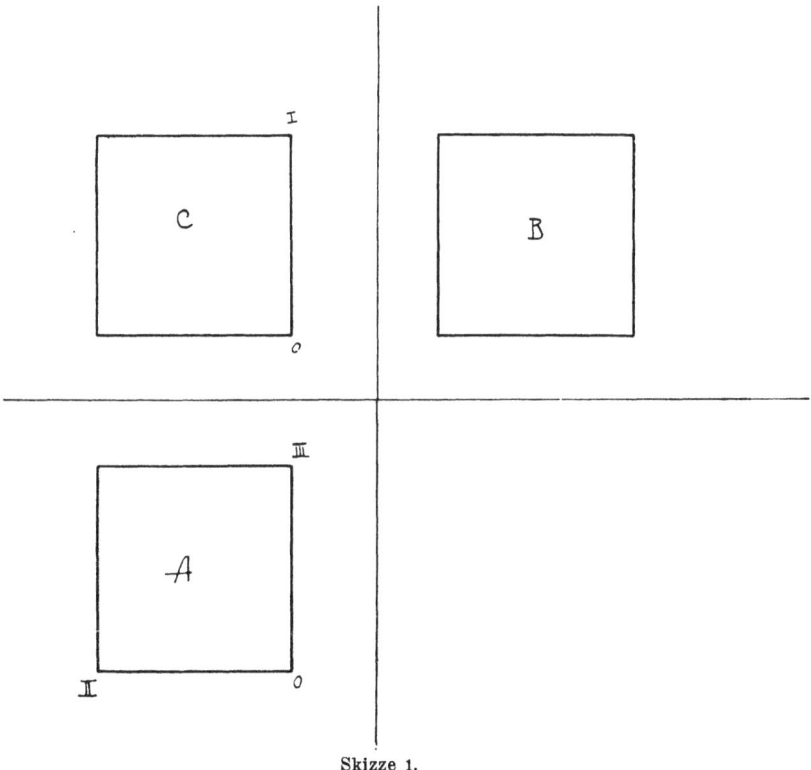

Skizze 1.

z. B. um die Kante OI und um den Winkel α, so werden die Seiten C und B_1 im Aufriß sichtbar (Sk. 2), und neigt man den Körper dann noch nach vorn, vielleicht um die Drehachse KK und einen Winkel β, so erhält man Sk. 3. (Es sei im nachfolgenden gestattet, ähnliche Bilder in axonometrischer Darstellung, die also nichts anderes sind als

1. Einleitung.

die Aufriß-Projektionen entsprechend geneigter Körper, kurzweg als „perspektivisch" zu bezeichnen.) Wäre statt des Würfels irgend ein Maschinenteil, z. B. ein Lagerbock, gedreht worden, so wären in gleicher Weise alle horizontal von rechts nach links verlaufenden Kanten und Linien *OII* in die Lage *02*, alle horizontal von vorn nach rückwärts verlaufenden Linien *OIII* in die Lage *03* gelangt, alle vertikalen Linien *OI* vertikal geblieben. Alle Längen hätten sich verkürzt, und

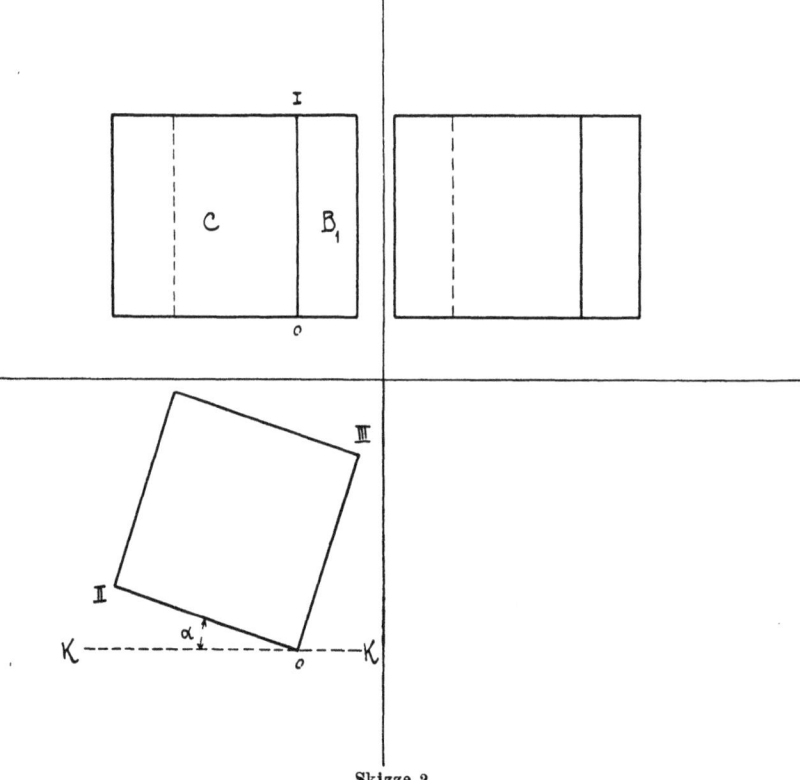

Skizze 2.

zwar nach den 3 Richtungen *01*, *02* und *03* im Verhältnis $\frac{01}{a}$, $\frac{02}{a}$ und $\frac{03}{a}$,[1]) unter a die wahre Länge der Würfelseite verstanden.

---

[1]) Für beliebig gewählte Achsenrichtungen *01*, *02* und *03* (Sk. 4) erhält man die Verkürzungsverhältnisse auf folgende Weise: Man betrachtet die körperliche Ecke *0123* als vordere Ecke eines Würfels (vergl. Sk. 3) und zieht in der Grundfläche dieses Würfels die Horizontale *xy*. Das Dreieck *Oxy* ist dann rechtwinkelig, mit *xy* als Hypotenuse. Durch Herabklappen erhält

1. Einleitung.

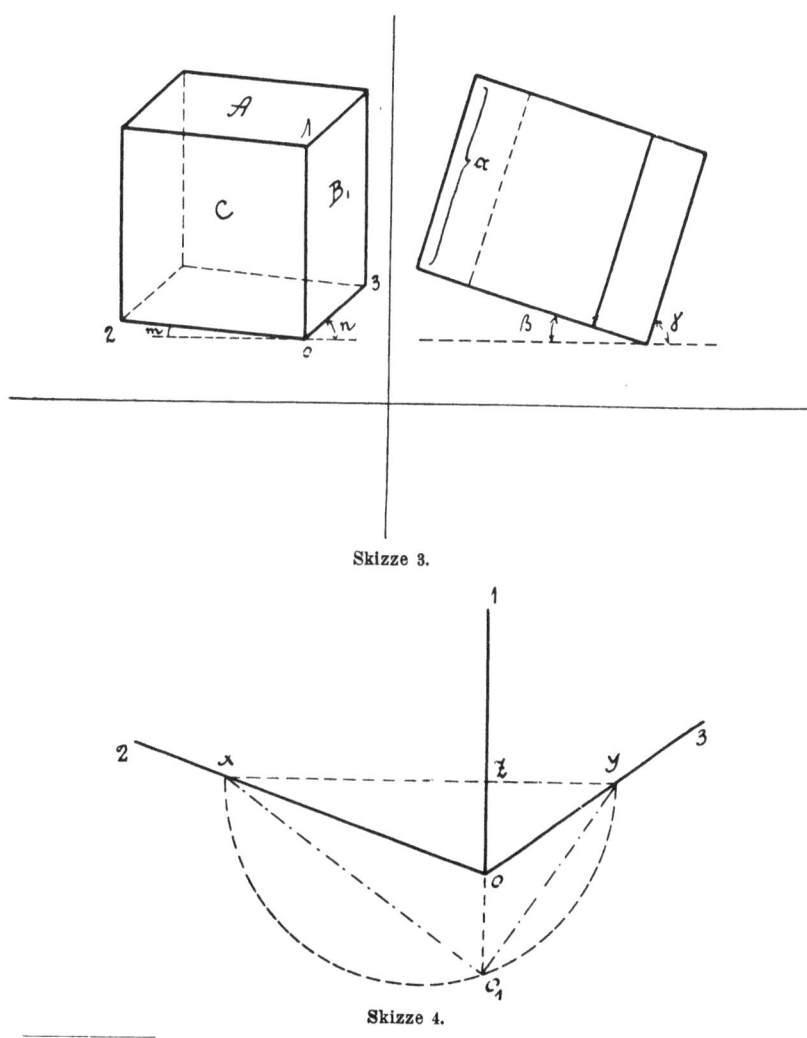

Skizze 3.

Skizze 4.

man im Halbkreis über xy die wahre Größe und somit gibt das Verhältnis $\frac{0x}{0_1x}$ die Verkürzung nach der Richtung 02 und $\frac{0y}{0_1y}$ die Verkürzung nach 03 an. Die Verkürzung nach 01 läßt sich nicht unmittelbar finden, wohl aber die Verkürzung der Dreieckshöhe $0z$, welche zu 01 senkrecht steht. Winkel p (Sk. 5) gibt das Verhältnis $\frac{0z}{0_1z}$ an und sein Ergänzungswinkel q dient dann für die Verkürzungen nach der Richtung 01. — (Winkel p entspricht dem Winkel β, Winkel q dem Winkel γ.)

4 1. Einleitung.

Ermittelt man diese Verkürzungsmaßstäbe oder zeichnet Verkürzungswinkel nach Sk. 6, so ist man imstande, irgend einen durch seine Projektionen gegebenen Maschinenteil Punkt für Punkt in Perspektive zu übertragen.[1]) Mit diesem mehr oder minder mechanischen Vorgang hat aber der Inhalt dieses Buches nichts zu tun. Für uns besteht die Aufgabe, aus der Vorstellung heraus einen Maschinenteil gleichsam zu schaffen, wobei wir von keinem durch seine Abmessungen gegebenen Körper ausgehen, somit auch keine Verkürzungsmaßstäbe benötigen.

Das erhaltene Bild des Würfels hängt wesentlich von den Winkeln α und β ab. Erfahrungsgemäß erhält man gute Verhältnisse, wenn man $\alpha \sim 20^0$ und ebenso $\beta \sim 20^0$ wählt. Dann wird Winkel m, der Neigungswinkel der Kanten 02 gegen die Horizontale, $\sim 7^0$ und

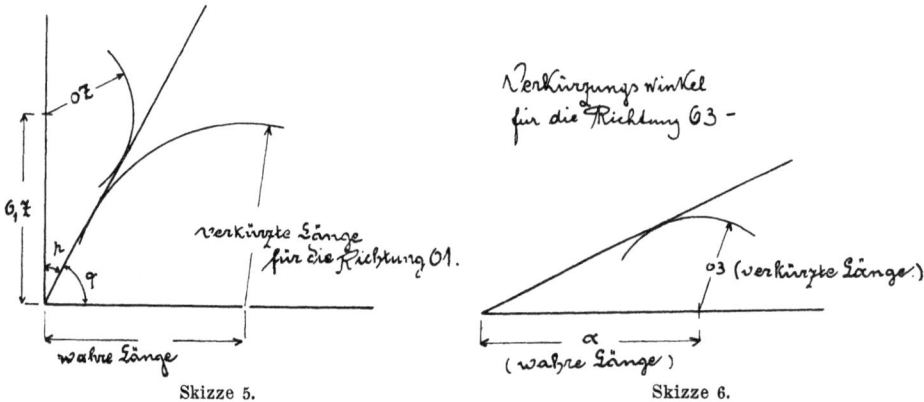

Skizze 5. Skizze 6.

der Winkel n zwischen der Richtung 03 und der Horizontalen $\sim 40^0$. (Steigung von $02 = 1:8$, Steigung von $03 = 7:8$).[2]) Ferner ist dann 01 ebensolang als 02, während 03 die Hälfte von 01 bzw. von 02 wird. Nach diesen Regeln kann man nun Quadrate in verschiedenen

---

[1]) Für derartige „Zeichnungen" sind Vierecke zu empfehlen, mit den Winkeln n^0, $90 + m^0$, $180 - m - n^0$ und 90^0. Auch kann man durchscheinendes Papier verwenden und darunter ein Linienblatt legen, das mit einem Netz von Strichen in Richtung 01, 02 und 03 versehen ist.

[2]) Dreht man den Würfel (Sk. 2) derart, daß $OIII$ mit KK den Winkel $\alpha = 20^0$ einschließt, und neigt ihn dann um Winkel $\beta = 20^0$, so werden die in Richtung 03 laufenden Kanten 7^0 und die in Richtung 02 laufenden 40^0 gegen die Horizontale geneigt sein. Den Skizzen 44, 45, 57 u. 58 liegt diese Annahme zugrunde. Sk. 68 ist nach den Regeln der schiefen Projektion entworfen, die sich aber im allgemeinen weniger für Freihandskizzen eignet, da Kugeln und Kreise sich als Ellipsen abbilden, deren große und kleine Achsen nicht so einfach bestimmt werden können, wie bei senkrechter axonometrischer Darstellung. Weiteres über „Parallelperspektive" siehe „Hütte", I. Teil.

1. Einleitung.

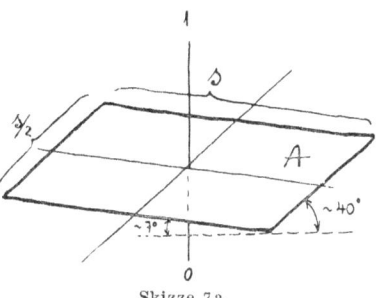

Skizze 7a.

Skizze 7b. Skizze 7c.

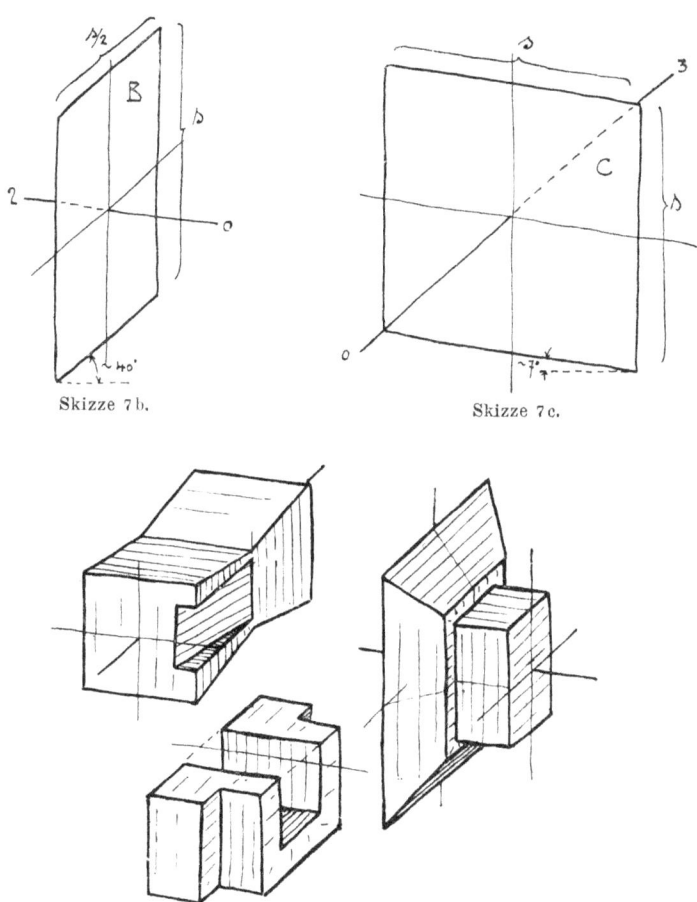

Skizze 8.

6   1. Einleitung.

Lagen zeichnen (Sk. 7 a, b, c) und einfache, eben begrenzte Körper darstellen (Sk. 8).

Langgestreckte oder flache Formen erscheinen mitunter etwas verzerrt. Es bleibt Geübten überlassen, solche Skizzen nach ihrem Gefühl zu verbessern.

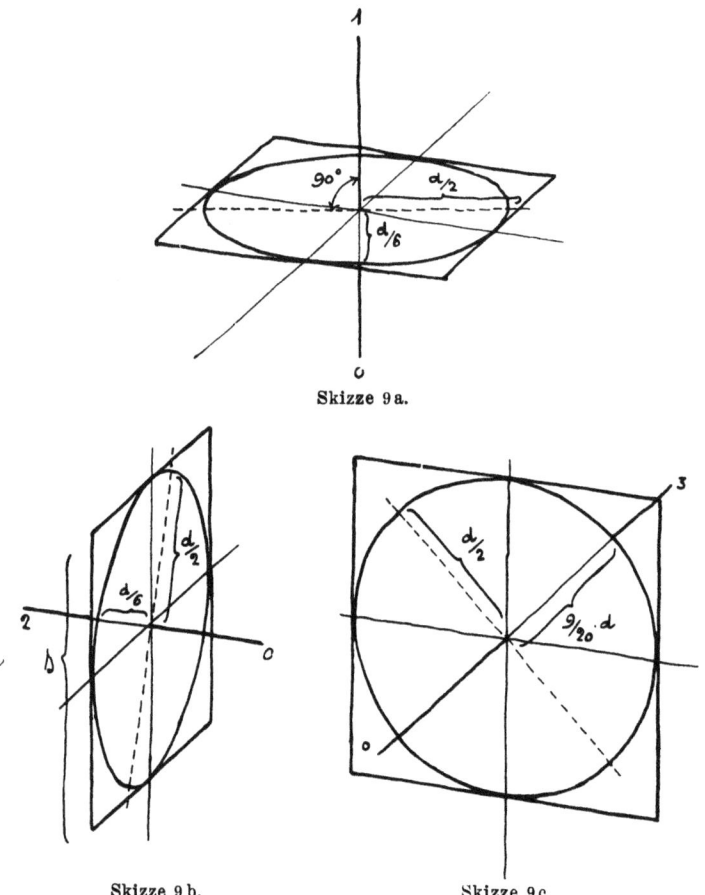

Skizze 9a.

Skizze 9b.   Skizze 9c.

Zeichnet man in das Quadrat Sk. 7a nach irgend einem Verfahren einen Kreis bezw. eine Ellipse ein, so erhält man Sk. 9a. Es zeigt sich, daß die große Achse dieser Ellipse senkrecht zu 01 steht. Dies folgt auch aus nachstehender Überlegung: Eine Kugel behält bei der Drehung ihre Gestalt und Größe bei. Verschiebt man eine Kugel vom Durchmesser d längs der Vertikalen 01, so entsteht ein Zylinder, dessen kreisförmige Schnittfläche senkrecht zu $O1$ sich als Ellipse projiziert. Die große Achse dieser Ellipse erscheint als Senkrechte zu $O1$ und hat die unverkürzte Länge d. Für die früher angenommenen Winkel m und n ist die kleine Achse $= 1/_3$ von der großen und $d \sim 1{,}06\, s$. Ähnliches gilt für eine Ellipse, die man in Sk. 7b einzeichnet (Sk. 9b), während die Ellipse Sk. 9c wenig von der Kreisform abweicht. Man erhält daher für die wichtigsten Lagen eines Kreises oder eines Zylinders die in Sk. 10 dargestellten Bilder in Draufsicht, Druntersicht, Seitansicht von rechts und links, Vorderansicht und Rückansicht. Dabei

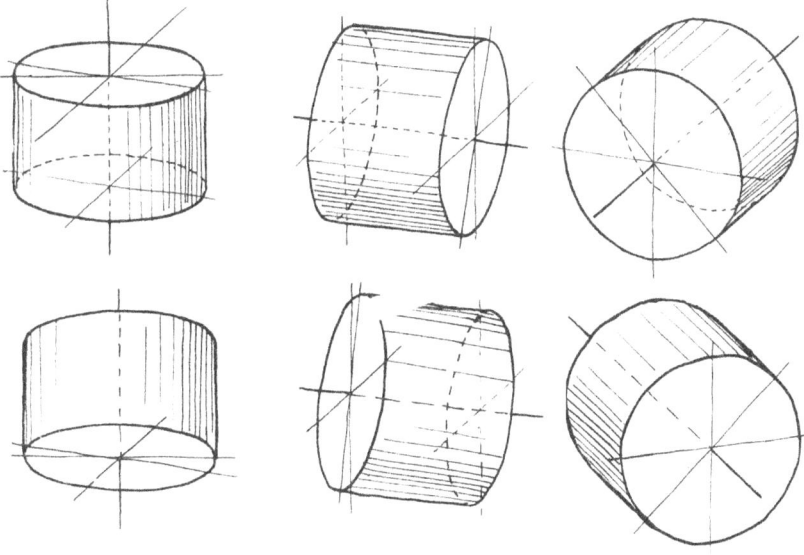

Skizze 10.

ziehe man **stets** zuerst die zur Kreisfläche senkrechte Gerade (Zylinderachse und gleichzeitig kleine Achse der Ellipse) und rechtwinklig dazu die große Achse der Ellipse.

Je nach der Lage der Kreisfläche mache man die halbe kleine Achse $= 1/_3$ oder $= 9/_{10}$ der halben großen, zeichne die Ellipse und füge noch die beiden Durchmesser in Richtung $O1$, $O2$ oder $O3$ hinzu. Beim kräftigen Nachziehen der Figur wird die große Achse nicht ausgezogen, da sie das Gesamtbild ungünstig beeinflußt.

Durch oftmaliges Zeichnen der grundlegenden Skizzen 7, 9 und 10 suche man das richtige Augenmaß für die Lage der Achsen und die verschiedenen Längen zu erhalten.

2. Eben und zylindrisch begrenzte, einfache Maschinenteile.

Regel: „Man gehe beim Zeichnen ähnlich vor, wie ein Tischler beim Zusammensetzen des betreffenden Körpers vorgehen würde, d. h. man zeichne zuerst den wichtigsten Teil und füge dann Stück für Stück die anderen Teile an."

Anfänger mögen zur Übung diese verschiedenen Teile auch tatsächlich einzeln herauszeichnen, wie Sk. 12 zeigt.

Auf Abrundungen nehme man vorerst keine Rücksicht, sondern zeichne alle Übergänge scharf.

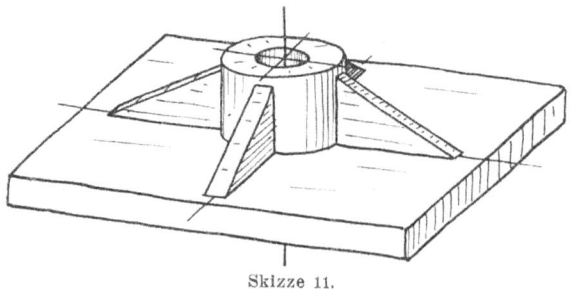

Skizze 11.

1. Beispiel:

Es sei eine Ankerplatte, Sk. 11, zu skizzieren.

Sie besteht aus der quadratischen Grundplatte, die man nach den durch Sk. 7a gegebenen Regeln entwirft, aus dem zylindrischen Aufsatz, der nach Sk. 10 zu zeichnen ist, und aus 4 Rippen.

Die Wandstärken, den Durchmesser der Bohrung usw. nehme man nur nach dem Gefühl an; doch beachte man, daß die Dicke δ der Rippe jedenfalls geringer ist als h, daß δ_1 kleiner als δ erscheint, daß die Bohrung vielleicht $= 2h$ ist, usw.

Beim Zusammensetzen der genannten Teile zeichne man erst (mit dünnen Strichen) die Grundplatte samt den Mittellinien und stelle den Zylinder darauf, trage dann auch am Zylinder die Mittellinien für

2. Eben und zylindrisch begrenzte, einfache Maschinenteile. 9

die Rippen ein und ziehe links und rechts davon deren Anlauflinien vor. Sk. 13 zeigt die Skizze in diesem halbfertigen Zustand. Die

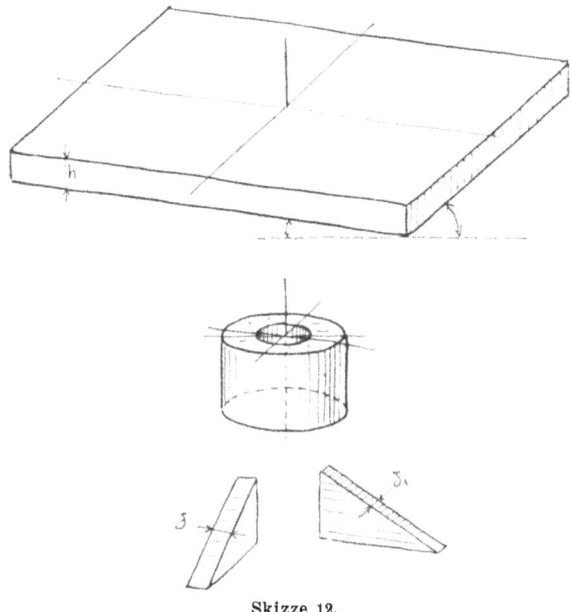

Skizze 12.

vorn und rechts liegende Rippe kann man nun ohne weiteres zeichnen, die Schräge der linken Rippe erhält man entweder auch aus ihren

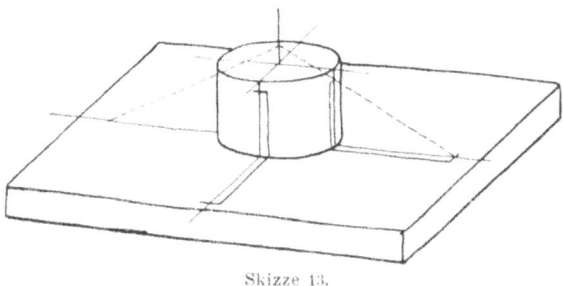

Skizze 13.

(zum Teil unsichtbaren) Anlauflinien oder nach dem aus Sk. 13 ersichtlichen Verfahren.

Überfährt man nun die ganze Figur leicht mit dem Radiergummi und hebt die sichtbaren Teile durch kräftige Linien mehr hervor, so

10   2. Eben und zylindrisch begrenzte, einfache Maschinenteile.

erhält man ein klares und deutliches Bild, das durch einige sparsam angebrachte Schattenstriche noch anschaulicher wird.

Für diese Schattenstriche ist nur der Endzweck, „ein anschauliches Bild" maßgebend, auf die wirkliche Beleuchtung des Gegen-

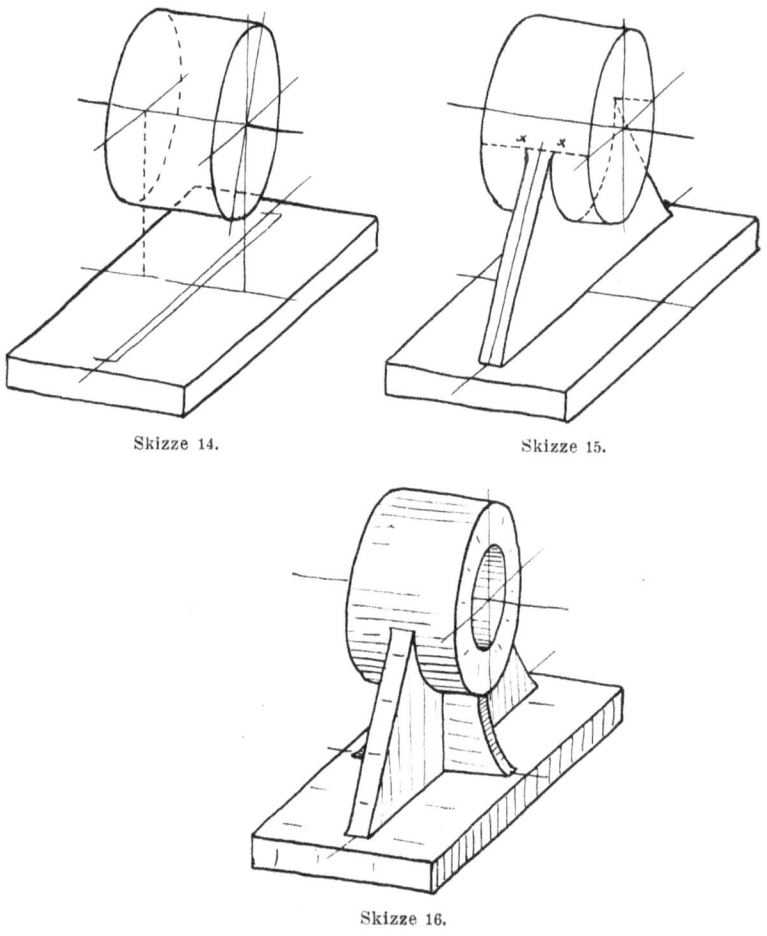

Skizze 14.   Skizze 15.

Skizze 16.

standes nehme man keine Rücksicht. Verschieden geneigte Flächen unterscheide man nicht so sehr durch die Stärke des Schattens, als durch die Lage der Striche.

Querschnitts- und Ansichtsflächen sind möglichst verschiedenartig zubezeichnen (vergl. Sk. 45, 46, 56 usw.).

2. Eben und zylindrisch begrenzte, einfache Maschinenteile.

An der fertigen Figur übe man strenge Selbstkritik, verbessere fehlerhafte Stellen oder zeichne die Skizze von neuem, falls sie allzu unrichtige Verhältnisse zeigt oder die gewählte Lage nicht günstig war. Andererseits wird man manche Teile absichtlich verlängern oder verkürzen, um Wesentliches auffällig zur Geltung zu bringen.

2. Beispiel:

Es sei ein Augenlager zu zeichnen, bestehend aus dem Lagerkörper, der Grundplatte und den Tragrippen.

Mitte Lager liege über Mitte Grundplatte.

Man zeichne zuerst das Lager, darunter die Platte mit allen Mittellinien und den Anlauflinien der Längsrippe. Nimmt man an, daß die Rippe das Auge bis zur Hälfte umfaßt, so liegen die oberen Anlaufpunkte in xx. Man zeichne nun die Längsrippe ein und füge dann die Querrippe hinzu (Sk. 16). Die Skizzen 14 und 15 zeigen die Figur im Beginn und halbfertig. —

3. Zylinder, Kegel und Kugel.

(Grundformen gegossener Teile.)

Regel: Ist die Durchdringung zweier Körper *A* und *B* zu bestimmen, so lege man eine Hilfsebene *C* und ermittle die Schnittfigur zwischen *A* und *C* und dann zwischen *B* und *C*. Wo diese beiden Schnittfiguren sich schneiden, sind Punkte der Körperdurchdringung.

Bei perspektivischen Skizzen begnügt man sich natürlich mit zwei oder vier Punkten. Die Hilfsebene legt man stets so, daß sich möglichst einfache Schnittkurven ergeben.

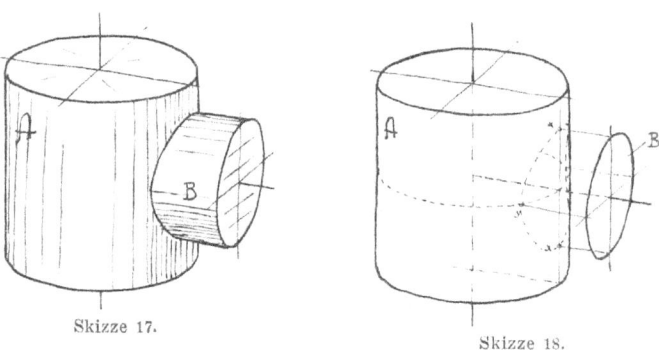

Skizze 17.

Skizze 18.

1. Beispiel:

Ein Zylinder *B* durchdringe einen Zylinder *A* (Sk. 17).

Man zeichne zuerst den Zylinder *A* und die Abschlußfläche von *B* samt allen Mittellinien (Sk. 18). Eine Hilfsebene durch beide Zylinderachsen ergibt als Schnittfigur mit *A* ein Rechteck und ebenso mit *B* ein Rechteck. Die Punkte *x* sind also Durchdringungspunkte. Legt man eine weitere Hilfsebene durch die Zylinderachse von *B* und senkrecht zur Achse von *A*, so erhält man als Schnittfigur mit *A* einen Kreis, mit *B* ein Rechteck und gelangt dadurch zu den Punkten *y*. Zwischenpunkte lassen sich erforderlichenfalls mit Ebenen finden, die zu den angegebenen Hilfsebenen parallel liegen. Beim Zeichnen der

3. Zylinder, Kegel und Kugel.

Kurve ist zu beachten, daß die beiden äußersten Erzeugenden des Zylinders B die Durchdringungslinie berühren müssen.

2. Beispiel:

Ein zylindrischer Lagerdeckel (Sk. 19) soll kegelförmige Angüsse für die Schrauben erhalten.

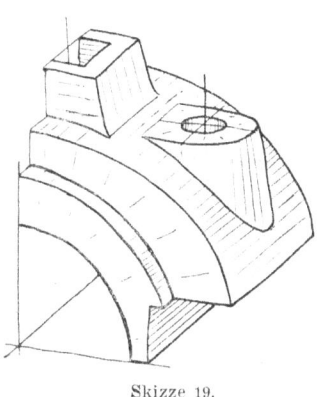

Skizze 19.

Man zeichne den Deckel samt Mittellinien und den oberen Kreis K des Angusses. Die Neigung der Kegelerzeugenden bestimme man entweder aus der Spitze S oder aus dem unteren Kreis K_1 (Sk. 20). Legt man nun eine

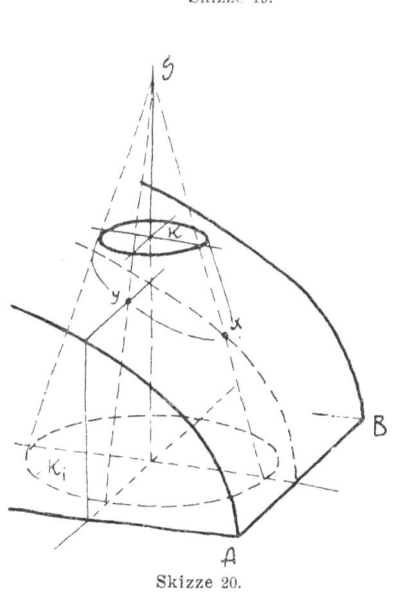

Skizze 20.

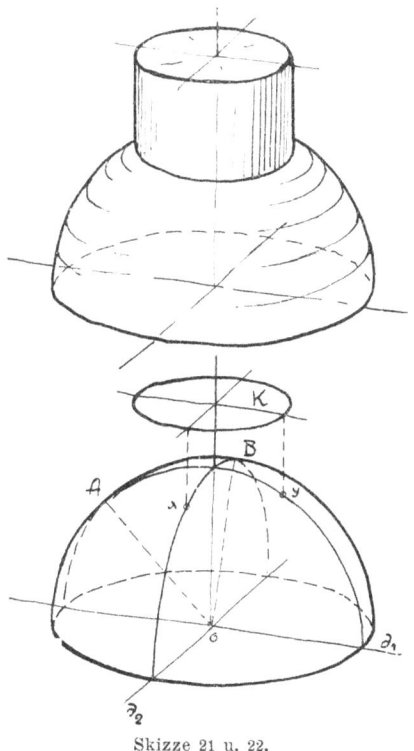

Skizze 21 u. 22.

Hilfsebene durch die Kegelachse und senkrecht zu AB, so erhält man die Punkte x, während eine Ebene parallel zu AB die Punkte y liefert.

14 3. Zylinder, Kegel und Kugel.

Weitere Punkte erhält man durch Ebenen, die durch die Spitze gehen und parallel zu AB sind.

3. Beispiel:

Auf einer Halbkugel befinde sich ein zylindrischer Ansatz (Sk. 21). Sk. 22 zeigt das unfertige Bild. Die Halbkugel und der obere Kreis K des Ansatzes sind gezeichnet. Eine Hilfsebene durch die

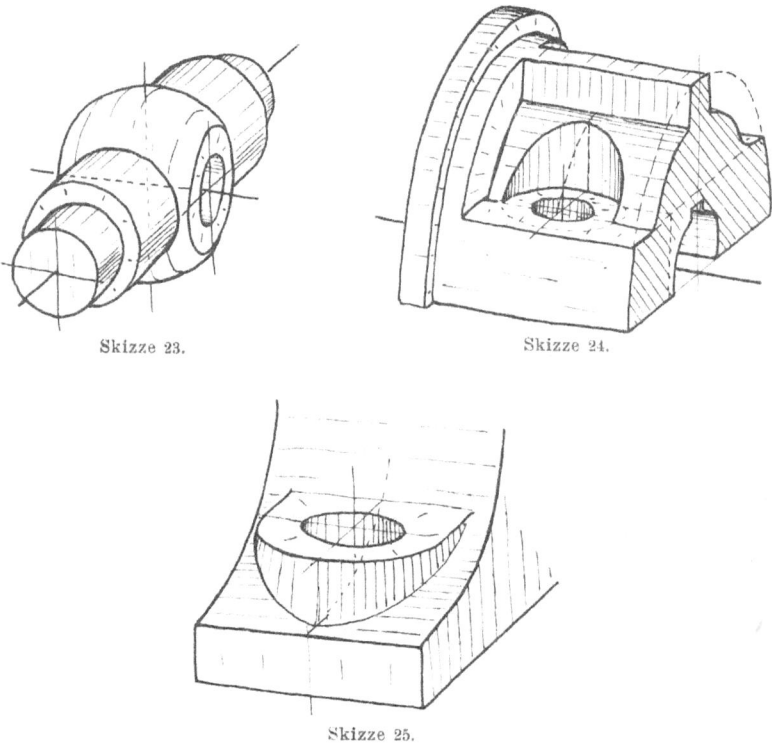

Skizze 23.   Skizze 24.

Skizze 25.

Zylinderachse und den Durchmesser d_1 ergab als Schnittfigur mit der Kugel eine Ellipse, deren große Achse OA ist. Als Schnitt mit einer Ebene senkrecht durch d_2 erhält man eine Ellipse mit OB als große Achse ($OA \perp d_2$, $OB \perp d_1$, vergl. Sk. 9). Von den Punkten x oder y bestimmt schon ein einziger die Lage der Schnittlinie, die ja mit der Ellipse K in Form und Größe übereinstimmt.

Weitere Beispiele zeigen die Skizzen 23, 24 und 25.

4. Übergangsformen und Umdrehungskörper.

(Grundformen geschmiedeter, gedrehter und gehobelter Teile.)

Der Übergang vom runden Querschnitt zum Rechteck, Sechseck oder seitlich abgeflachten Kreis wird durch einen Kegel, eine Kugel

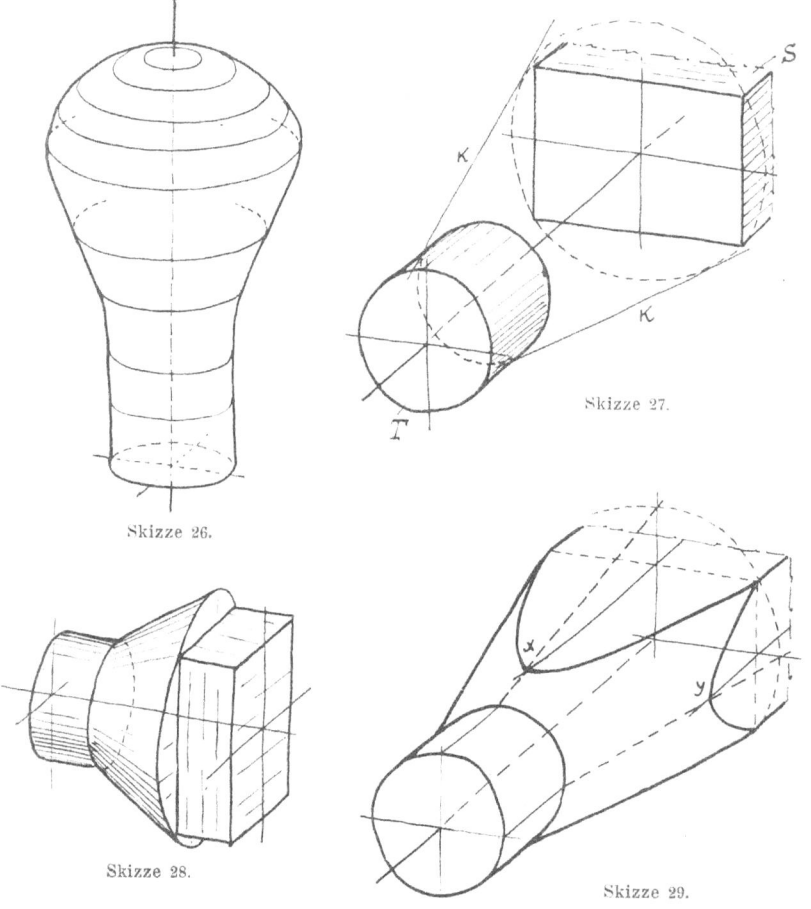

Skizze 26.

Skizze 27.

Skizze 28.

Skizze 29.

oder einen beliebigen Drehkörper vermittelt. Beim Darstellen von Drehkörpern beachte man, daß sie von Ebenen senkrecht zur Dreh-

4. Übergangsformen und Umdrehungskörper.

achse nach Kreislinien geschnitten werden, und daß diese Kreise sich als Ellipsen projizieren, deren große Achse senkrecht zur Drehachse steht (vergl. Sk. 26).

Die äußere Begrenzungslinie des Drehkörpers berührt die erwähnten Ellipsen.

1. Beispiel:

An eine runde Stange T soll ein vierkantiger Schaft S angeschlossen werden. Den Übergang vermittle ein Kegel.

Man denke sich um den Schaftquerschnitt einen Kreis beschrieben (Sk. 27) und lege die Kegelerzeugenden K derart, daß sie diesen Kreis

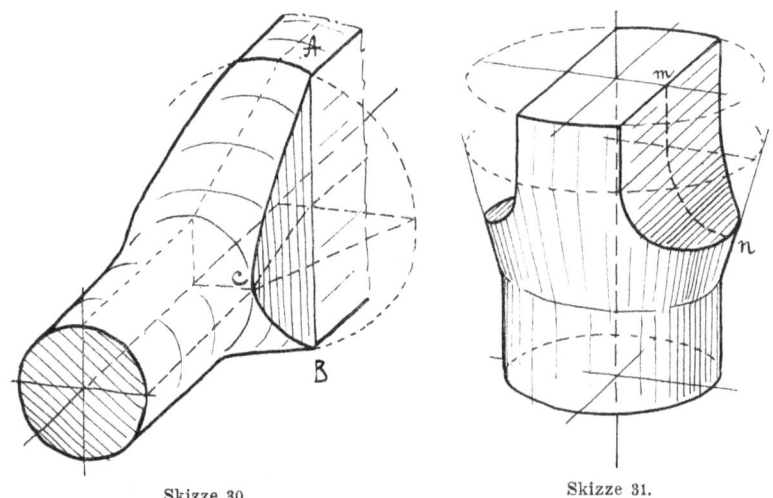

Skizze 30.   Skizze 31.

und den Kreis am Stangenende berühren. Dadurch erhält man einen Körper nach Sk. 28. Die vorspringenden Teile des Kegels müssen nun weggeschnitten werden. Dies kann durch Ebenen erfolgen, die gleichsam eine Verlängerung der Seitenflächen des Schaftes bilden (Sk. 29), oder auch durch hierzu geneigte Ebenen (Sk. 30) oder endlich durch Zylinderflächen (Sk. 31).

Um den Punkt y (Sk. 29) zu finden, legt man durch die Achse eine wagrechte Ebene, zeichnet die Schnittlinien mit dem Kegel und dem Schaft ein und sucht deren Schnittpunkt y auf. x erhält man durch eine lotrechte Hilfsebene, weitere Zwischenpunkte durch Ebenen senkrecht zur Drehachse.

4. Übergangsformen und Umdrehungskörper. 17

In Sk. 30 ist angenommen, daß das Rechteck schmäler ist als der Kreis. (Übergang von runder Öffnung zu rechteckiger Öffnung bei Hahngehäusen, Eckventilen; rechteckiger Hebel mit rundem Griff usw.)

Die schneidende Ebene werde durch ABC gelegt. Zwischenpunkte ergeben sich unter Benutzung einer Hilfsebene senkrecht zur Drehachse. Die Schnittlinie mit dem Kegel ist ein Kreis, mit der Ebene ABC eine lotrechte Gerade.

Ein Bild nach Sk. 31 erhält man z. B., wenn die Seitenflächen mit einem Walzenfräser bearbeitet werden. Die Leitlinie mn der Zylinderfläche nehme man beliebig an und suche Zwischenpunkte mit Hilfsebenen auf, die senkrecht zur Drehachse liegen.

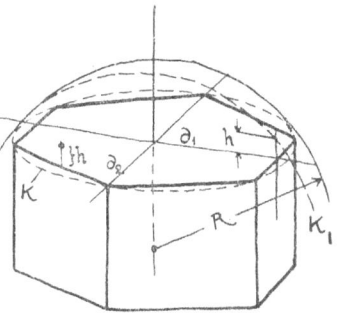

2. Beispiel:

Es sei eine sechskantige Mutter zu zeichnen. Die Abrundung erfolge nach einer Kugel (Sk. 32).

Man ziehe den Kreis K und lege in diesen ein Sechseck. Berührend an den Kreis K zeichnet man eine Kugel vom Halbmesser R. Eine Hilfsebene durch den Kugelmittelpunkt und den Kreisdurchmesser d_1 schneidet die Kugel nach einem größten Kreis K_1 (vergl. Sk. 22), das Sechskant nach einer Lotrechten.

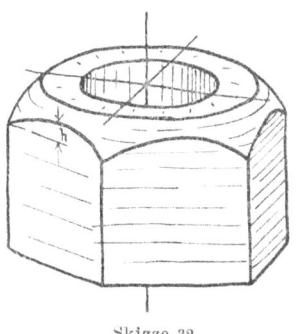

Skizze 32.

Man erhält dadurch den höchsten Punkt der Schnittkurve und kann sofort die Mutter zeichnen, wenn man beachtet, daß alle Durchdringungslinien Ellipsen sind und die gleiche Höhe h besitzen.

3. Beispiel:

Es sei ein Stangenauge zu zeichnen. Das eigentliche Auge sei kugelig und gehe kegelförmig in die Stange über. Sk. 33 zeigt dann die rohe Form.

Zeichnet man senkrecht zur Drehachse den größten Kugelkreis ein, zieht dann die Mittellinie der Bohrung und macht $\frac{l}{2} < r$, so sind

Volk, Skizzieren. 3. Aufl. 2

4. Übergangsformen und Umdrehungskörper.

xx bereits zwei Punkte der Schnittlinie zwischen dem Drehkörper und einer lotrechten Ebene, die um $\dfrac{l}{2}$ von der Achse absteht. Weitere

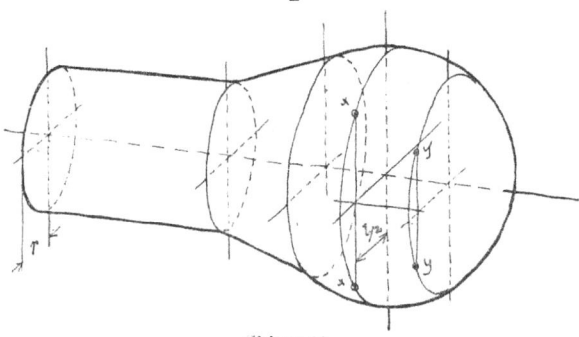

Skizze 33.

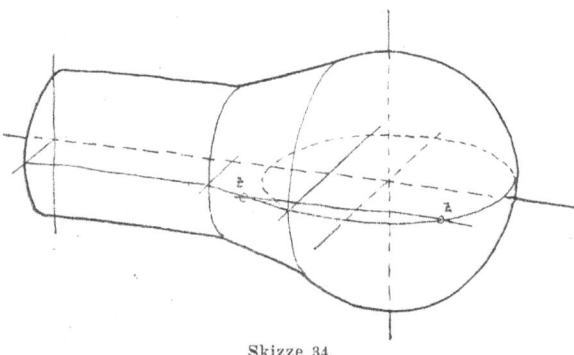

Skizze 34.

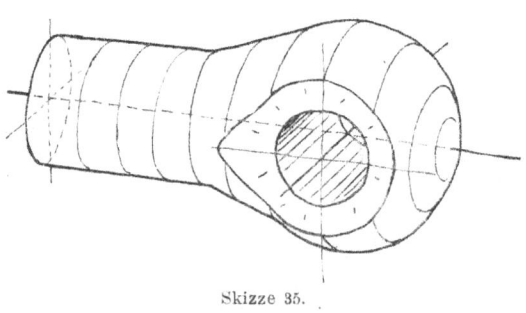

Skizze 35.

Punkte yy erhält man in gleicher Weise. (In vorliegendem Falle befinden sich die Punkte xx, yy auf einem Kreis.) Die beiden äußersten

4. Übergangsformen und Umdrehungskörper. 19

Punkte zz ergeben sich mit Hilfe einer wagrechten Ebene, welche den Umdrehungskörper nach einer Erzeugenden schneidet (Sk. 34).

Verbindet man die gefundenen Punkte und zeichnet die Bohrung ein, so ergibt sich Sk. 35.

(Man zeichne das gleiche Auge mit lotrechter oder wagrecht nach rückwärts laufender Drehachse.)

4. Beispiel:

Es soll ein gegabeltes Stangenende (Sk. 36) gezeichnet werden.

Man beginnt mit der roh vorgearbeiteten Form vor dem Herausstoßen des Mittelteils und fügt an das Auge noch ein Stück des Schaftes (Sk. 37). Zwischen dem Schaftquerschnitt und dem runden Stangenquerschnitt ist nun ein Übergang nach einem Umdrehungskörper

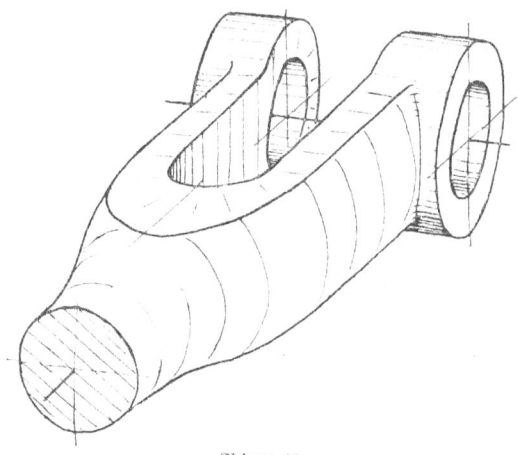

Skizze 36.

einzuschalten. Zu diesem Zwecke kann man ähnlich vorgehen, wie im 1. Beispiel, also um den Schaftquerschnitt einen Kreis legen, berührend an beide Kreise die Begrenzungslinien des Drehkörpers ziehen und dann dessen Schnittkurven mit den Seitenflächen des Schaftes aufsuchen. In Sk. 37 ist ein anderer Weg eingeschlagen. Dabei ist 11 die willkürlich angenommene Schnittlinie der Gabel mit einer wagrechten Ebene. Die Schnittlinie 22 mit einer lotrechten Ebene erhält man, wenn man an mehreren Stellen den Abstand a gleich b macht. Punkt x liegt im Schnitt von 22 und 33. Nun zeichne man die Schnittkurve nach dem Gefühl und symmetrisch zu 33 ein usw.

4. Übergangsformen und Umdrehungskörper.

Aus Sk. 36 sieht man, daß sich diese Gabel nicht ganz auf den Werkzeugmaschinen herstellen läßt, sondern der Anschluß der Gabelarme an die Augen von Hand bearbeitet werden muß. Zum Vergleich zeigen Skizzen 38 und 39 Gabeln ohne Handarbeit.

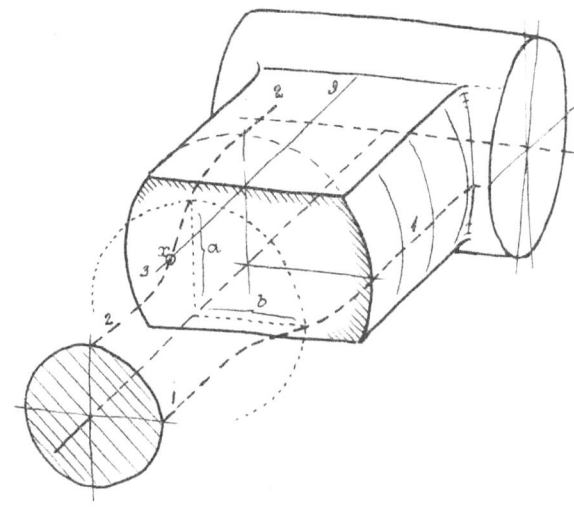

Skizze 37.

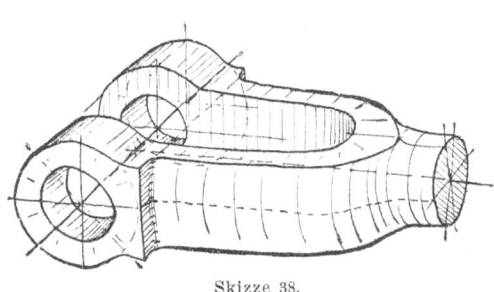

Skizze 38.

Es sei ausdrücklich bemerkt, daß die punktweise Bestimmung von Durchdringungslinien nur den Zweck hat, das Vorstellungsvermögen zu schärfen und das Auge an häufig vorkommende Formen zu gewöhnen. Hat man darin einige Übung erlangt, so lassen sich die meisten Skizzen ohne Hilfskonstruktion ausführen, wie aus Skizzen 38 und 39 ersichtlich ist, die mit allen zu ihrem Entwurf erforderlichen Linien wiedergegeben sind.

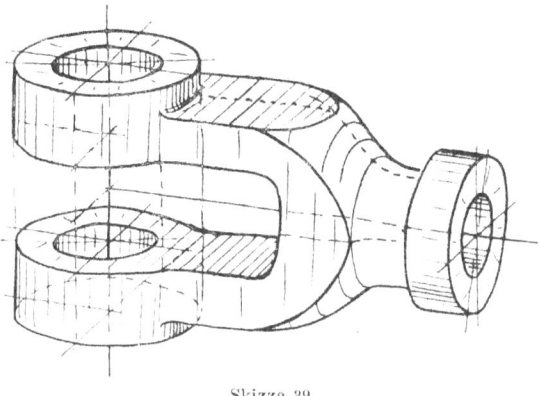

Skizze 39.

Für den Konstrukteur ist eine derartige, im wesentlichen richtige, rasch und mühelos angefertigte Skizze natürlich wertvoller als ein peinlich genaues, viel Zeit erforderndes Bild.

5. Schnittfiguren.

Wie ein Blick auf die Skizzen 40 bis 49 zeigt, sind für viele Zwecke perspektivische Figuren im Schnitt weit lehrreicher, als Zeichnungen in Ansicht. Man kann dabei ein Viertel, die Hälfte oder drei Viertel des betreffenden Maschinenteiles wegschneiden und dann das übrig bleibende Stück betrachten.

Beim Zeichnen geht man am besten von der durchschnittenen Fläche aus. So würde man in Sk. 40 mit dem Schnitt beginnen, dann die Bohrung hinzufügen, dann den Lagerkörper, die Grundplatte usw.

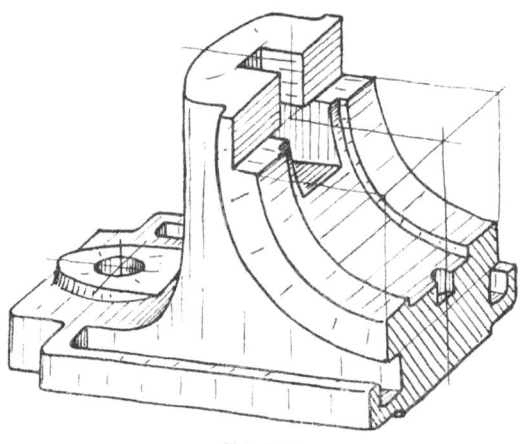

Skizze 40.

In Sk. 41 ist ein Viertel von einem Durchgangs-Ventil dargestellt. Dabei wurde zuerst die vertikale Mittellinie gezogen, dann die Bohrung und der Flanschkreis des Deckels angenommen und entsprechend tiefer der Kreis für die Sitzöffnung. Nun kommt der Querschnitt an die Reihe, dann der Längsschnitt. Die äußere Umgrenzung des Gehäuses und die Durchdringungen sind nur nach dem Gefühl gezeichnet. Dabei ist vorausgesetzt, daß sich der Sitz unter Vermittlung von Kegelflächen an die Gehäusewand anschließt.

5. Schnittfiguren.   23

Sk. 42 zeigt den Lagerkörper für ein Ringschmierlager und in Sk. 43 wurde ein Kreuzkopf in der Mitte durchschnitten und beide Hälften etwas voneinander entfernt.

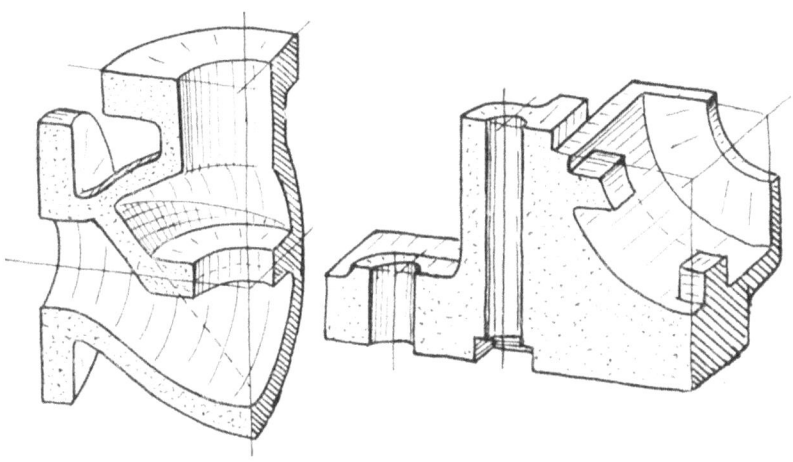

Skizze 41.   Skizze 42.

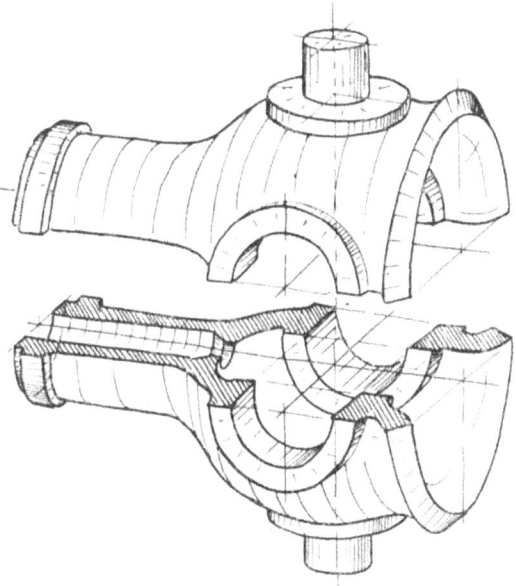

Skizze 43.

24   5. Schnittfiguren.

Aus Sk. 44 ist eine andere Kreuzkopfform zu ersehen, die für schwere Walzenzugmaschinen üblich ist.

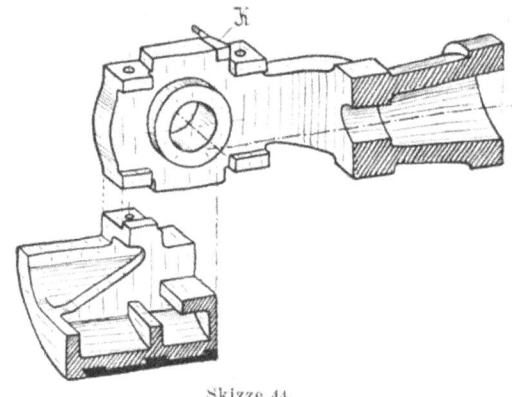

Skizze 44.

In Sk. 45 und Sk. 46 sind 2 Formen eines Ventilzylinders wiedergegeben. In beiden Fällen ist eine Laufbüchse vorhanden, die aber in Sk. 46 nicht eingezeichnet wurde.

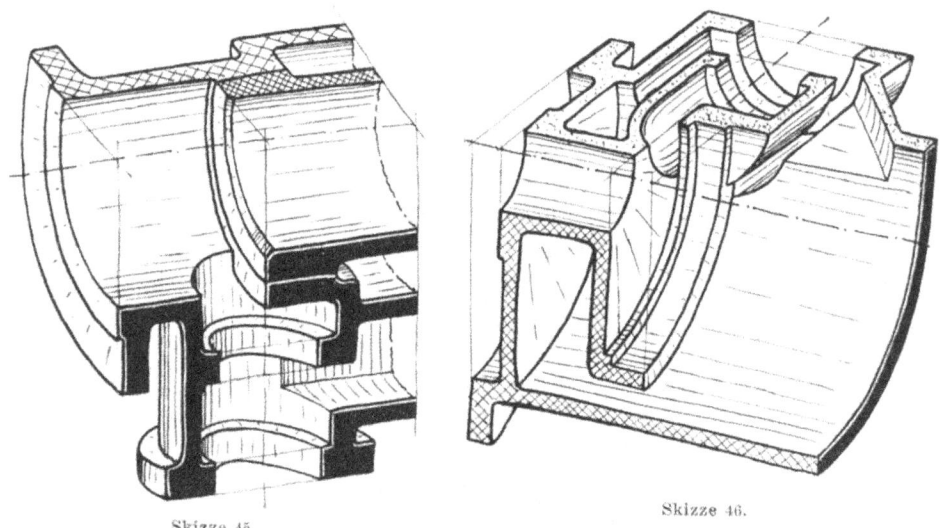

Skizze 45.   Skizze 46.

Auch Rippen, Kernöffnungen, Bohrungen für die Indikatoren, für Schmierung, Entwässerung usw. sind weggelassen.

5. Schnittfiguren. 25

Skizzen im Schnitt wird man auch stets anwenden, wenn es sich um Maschinenteile handelt, zu deren Darstellung viel Zeit erforderlich

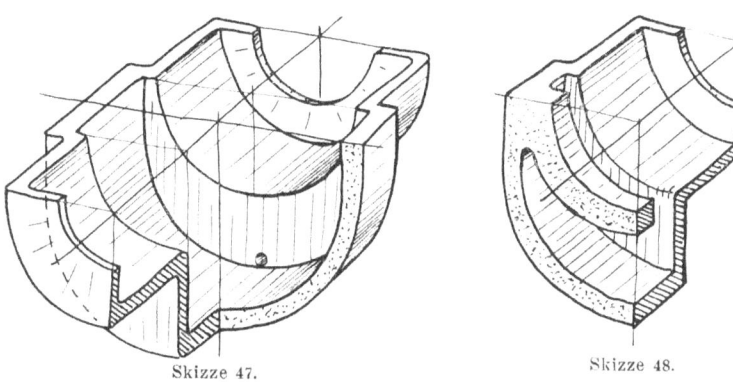

Skizze 47. Skizze 48.

wäre. Man zeichne dann kein Gesamtbild, sondern zerlege den betreffenden Maschinenteil in mehrere einfache Schnittfiguren.

Wäre z. B. für einen Drehstrommotor der Gehäusedeckel mit eingebautem Ringschmierlager zu skizzieren, so zeichne man vorerst den Öltrog mit den Tropfenfängern (Sk. 47). Zum Tragen der unteren Lagerschale können seitliche Leisten und Stützen dienen, wie Sk. 42 sie zeigt, oder eine Art Brücke nach Sk. 48. Für schwere Lager wird diese Brücke durch Rippen versteift. Der Anschluß

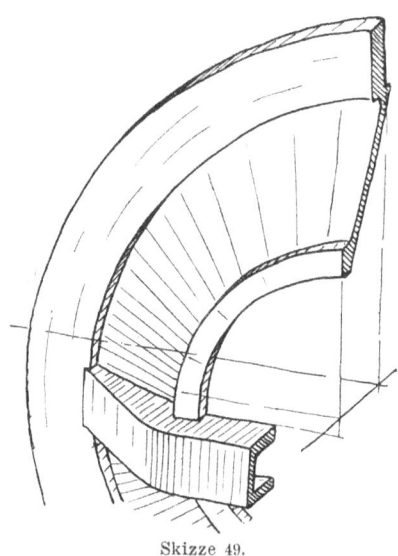

Skizze 49.

des Lagerkörpers an die Wand des Gehäusedeckels kann dann seitlich und unten durch kräftige Tragrippen erfolgen, vielleicht nach Sk. 49.

6. Lösung konstruktiver Aufgaben. Schlußbemerkungen.

1. Beispiel:

Für das in Sk. 50 angegebene Kegelradgetriebe soll ein Lagerstuhl entworfen werden. Die Welle w_1 sei in A und C zu stützen, die Welle w_2 in D. Zum Tragen des Lagerstuhles dienen zwei Doppel-T-Eisen.

Überträgt man die Sk. 50 in Perspektive, so erhält man Sk. 51. Schon diese Skizze wird das Konstruieren des Lagerstuhles, soweit es

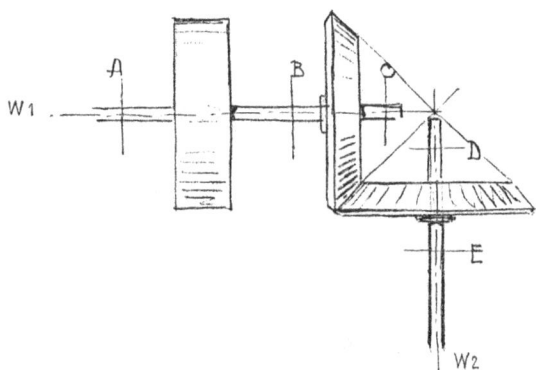

Skizze 50.

ein Gestalten im Raume ist, wesentlich erleichtern. Man braucht nicht fortwährend das körperliche Bild des ganzen Getriebes in der Vorstellung festzuhalten, das Gedächtnis ist gleichsam entlastet.

Auch der erste Entwurf kann mit Vorteil noch perspektivisch durchgeführt werden.

Sowohl unter A als unter C wird man brückenartige Lagerböcke stellen und an dem vorderen Bock die Paßflächen für Lager D

6. Lösung konstruktiver Aufgaben. Schlußbemerkungen.

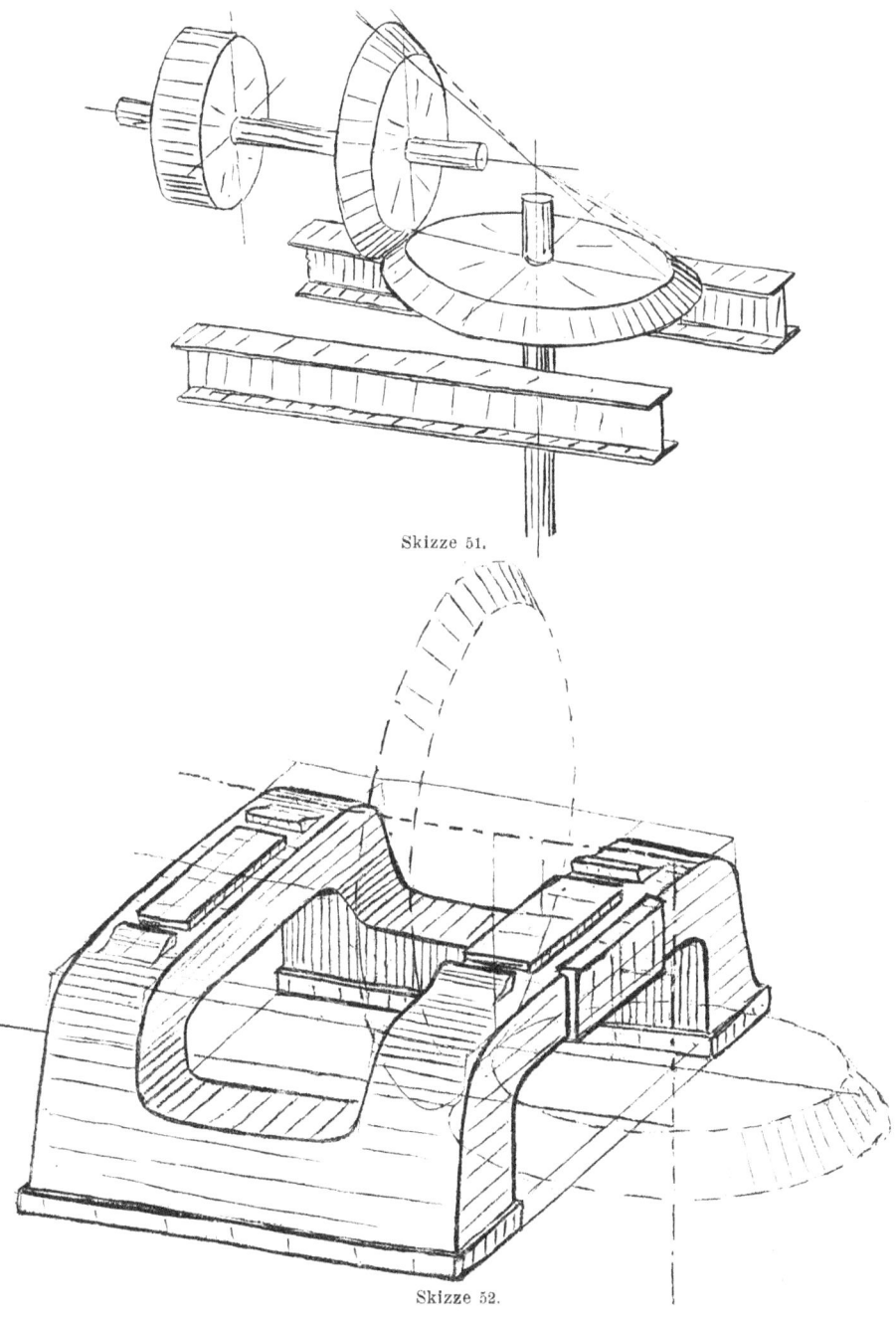

Skizze 51.

Skizze 52.

28 6. Lösung konstruktiver Aufgaben. Schlußbemerkungen.

anbringen. Verbindet man beide Böcke durch Querstücke, fügt man die Arbeitsleisten, Schraubenansätze usw. hinzu, so erhält man Sk. 52.

Nicht allein der Anfänger, sondern auch der geübtere Konstrukteur wird sich durch diese kleine Vorarbeit das eigentliche Entwerfen wesentlich erleichtern. Zudem ist der Zeitaufwand ganz gering: Sk. 51 und 52 lassen sich in 5—6 Minuten in durchaus brauchbarer Form herstellen.

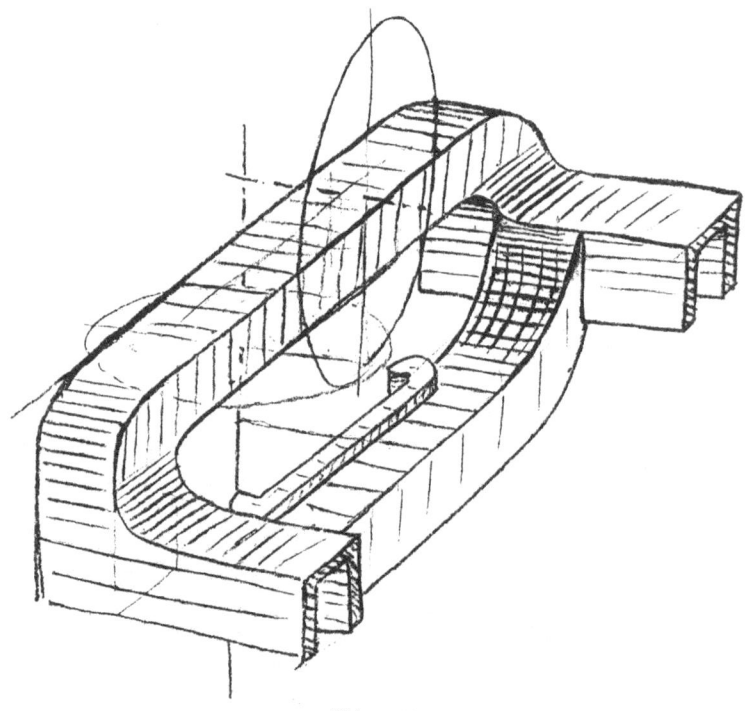

Skizze 53.

Perspektiv-Skizzen ermöglichen ferner rascher als der Entwurf in rechtwinkliger Projektion den Vergleich verschiedener Lösungen derselben Aufgabe. So zeigt Sk. 53 einen Lagerstuhl für das erwähnte Kegelradgetriebe, wobei die Welle w_1 bei A und C und Welle w_2 bei E gestützt wird. Sollte auch dafür die Konstruktionshöhe unter C nicht ausreichen, so müßte man beide Kegelräder fliegend lagern und den Lagerbock vielleicht nach Sk. 54 gestalten.

6. Lösung konstruktiver Aufgaben. Schlußbemerkungen.

2. Beispiel:

Das Grundschiebergehäuse für einen Riderschieber mit Einsatzbüchse sei zu entwerfen. Aus Sk. 55 ergibt sich die grundsätzliche Anordnung.

Sk. 56 zeigt eine der vielen Lösungen dieser Aufgabe.[1]) Die Wand *2* ist zylindrisch und liegt exzentrisch zu *1*, um den schädlichen Raum zu verringern oder die Kernstärke *s* zu erhöhen, ohne den seitlichen Querschnitt für den Dampfstrom zu verengen. *2* könnte

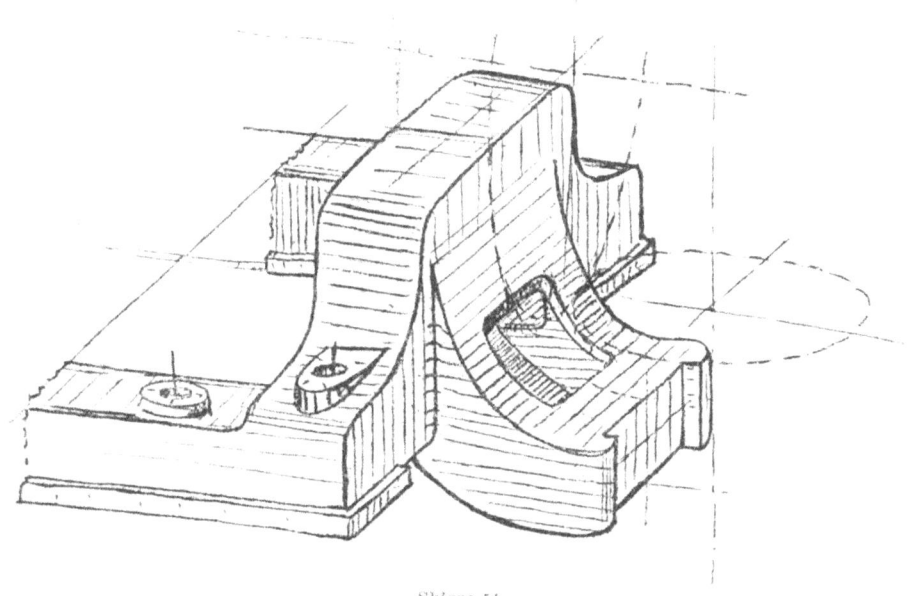

Skizze 54.

auch kegelförmig sein oder aus einer geneigten oder wagrechten, ebenen Wand bestehen. Dies wäre die einfachste Form, würde aber großen schädlichen Raum und ungünstige Wärmedehnung ergeben.

Zur Verringerung des schädlichen Raumes könnte das Schiebergehäuse nach Sk. 57 mit schrägen Wänden *W* versehen werden, die

---

[1]) Es sei betont, daß die Sk. 56, 57 und 58 während des Entwerfens gezeichnet werden sollen, um dem Vorstellungsvermögen nachzuhelfen oder um Unklarheiten zu beseitigen, und daß daher deren eingehende Erörterung eigentlich nur im Zusammenhang mit der Konstruktion möglich ist.

30   6. Lösung konstruktiver Aufgaben. Schlußbemerkungen.

in Richtung der Schlitze S laufen.[1]) Diese Form erschwert jedoch die Herstellung, die Dreharbeit dauert länger, beim Drehen der Innenfläche beeinflußt das oftmalige Auslaufen und Einschneiden des Stahles

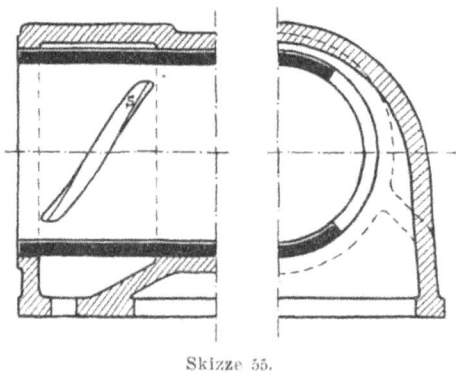

Skizze 55.

die Genauigkeit, auch besteht die Gefahr, daß die Büchse, die ungünstiger festgehalten und ungleichmäßiger erwärmt wird, sich verzieht.

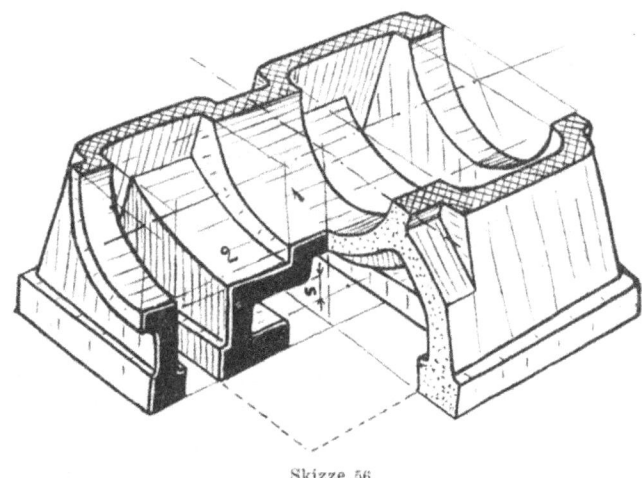

Skizze 56.

Manche dieser Nachteile gelten auch für eine Ausführung nach Sk. 58, nur ist hervorzuheben, daß die schädlichen Räume und die

---

[1]) Man zeichne auch die andere Hälfte des Schiebers mit den in entgegengesetzter Richtung geneigten Wänden W.

Abkühlungsflächen hier noch weiter verringert sind. Die in Sk. 58 vorne liegenden Dampfkanäle sind nach außen, die rückwärtigen nach innen geneigt, müssen aber unten so geführt werden, daß sie an jedem Schieberende in einen gemeinschaftlichen rechteckigen Schlitz münden können.

Vergleicht man die Skizzen 56, 57 und 58, so kann gesagt werden, daß Sk. 57 die richtige Entwurfskizze darstellt, im Gegensatz zu Sk. 58, die in einer Figur zu vieles bringt und mehr Zeit erfordert, als zwei oder drei Teilfiguren, aus denen die Form überdies klarer zu erkennen wäre.

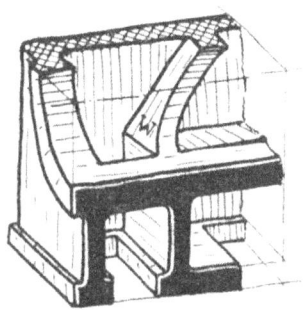

Skizze 57.

Sk. 56 ist nicht in der bisherigen Art gezeichnet. Die Kanten sind nicht unter 7⁰ und 40⁰, sondern ganz beliebig geneigt, die

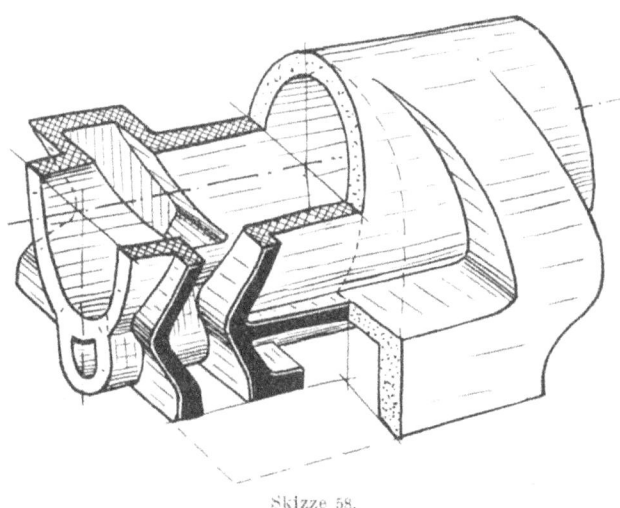

Skizze 58.

Ellipsen und Verkürzungen entsprechen vermutlich nicht den gewählten Achsenrichtungen — und doch dürfte gerade diese Skizze ihrem Zweck, rasch ein möglichst deutliches Bild zu geben, gut entsprechen.

6. Lösung konstruktiver Aufgaben. Schlußbemerkungen.

In diesem Sinne ist auch der Satz der Vorrede zu verstehen, daß das Endziel dieses Buches ein „durch keine Schranke gebundenes" Skizzieren bildet. Ist allseitige Beherrschung der Regel und volle Sicherheit im gesetzmäßigen Skizzieren erlangt, so soll an Stelle von Gesetz und Regel das freie Gefühl für die Form treten.

Durch das bisher Gesagte dürfte die Frage: „Wie sind perspektivische Skizzen zu entwerfen?" so ziemlich erledigt sein. Auch wann sie zu zeichnen sind, ist klar: **vor dem eigentlichen Konstruieren oder während desselben.** Perspektivische Bilder, die nachträglich, also nach Beendigung der Werkstattzeichnung angefertigt werden, sind für den Konstrukteur wertlos, mögen aber in manchen Fällen von Nutzen sein.

Meist wird man die Perspektiv-Skizzen gleich am Zeichenblatt entwerfen, am Rand oder in einer freien Ecke. Sobald sie ihre Aufgabe erfüllt haben, verschwinden sie wieder, denn es ist nur in wenigen Fabriken üblich, sie auf der Werkstattzeichnung zu belassen.

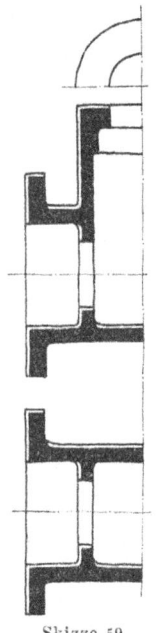

Skizze 59.

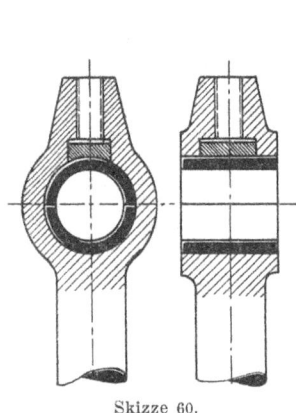

Skizze 60.

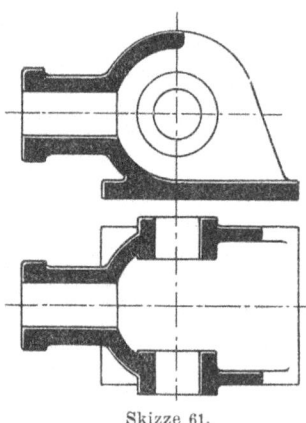

Skizze 61.

Und doch würden manche Gründe dafür sprechen! Denn die Überzeugung vieler Fachgenossen, daß die perspektivische Skizze das beste Mittel ist, den Anfänger an Raumvorstellung und Formen-

6. Lösung konstruktiver Aufgaben. Schlußbemerkungen. 33

gefühl zu gewöhnen, würde nur dann in fruchtbare Tat umgesetzt, wenn es ganz allgemein — und in erster Linie an den technischen Schulen — Brauch wäre, den Detailzeichnungen solche Skizzen bei-

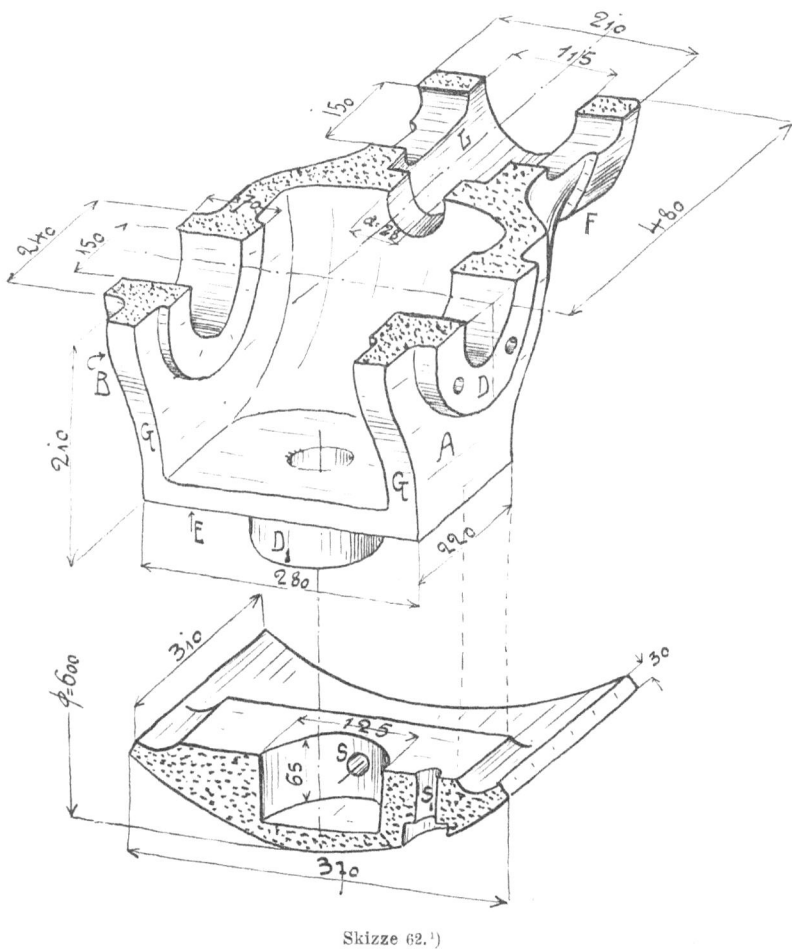

Skizze 62.[1])

zufügen. Die leitenden Ingenieure würden vielleicht daraus schneller als aus der eigentlichen Konstruktion ersehen können, ob ihre jungen Hilfskräfte die gestellte Aufgabe klar erfaßt haben, und manchem

---

[1]) Aus C. Volk, Entwerfen und Herstellen.

34   6. Lösung konstruktiver Aufgaben.   Schlußbemerkungen.

Mißverständnis zwischen Bureau und Werkstatt könnte durch eine derartige Skizze vorgebeugt werden. Denn eine perspektivische Skizze gibt nicht allein Aufschluß über die räumlichen Verhältnisse. Man erkennt aus ihr auch, ob die Herstellung des Modelles oder die Bearbeitung des Werkstückes leicht und einfach, also genau und billig sein dürfte oder nicht; man findet schnell, welche Abänderungen günstig wären, wo sich gefährliche Übergänge oder Guß-Anhäufungen befinden usw.

Solche Skizzen bewahren auch vor bedenklichen „Flüchtigkeitsfehlern", wie die Skizzen 59, 60 und 61 sie zeigen.[1])

Von einem „Zeitverlust", der aus der Anfertigung perspektivischer Skizzen entsteht, kann also keine Rede sein, wohl aber von einem „Zeitgewinn".

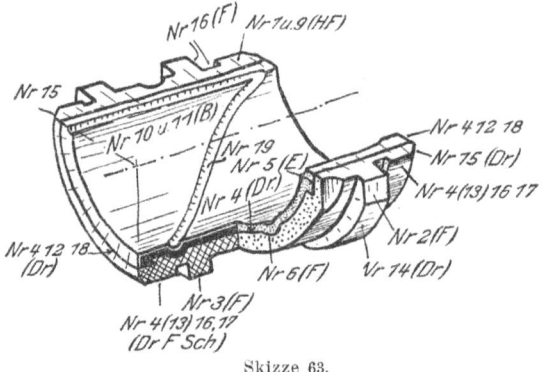

Skizze 63.

(Bearbeitung einer Lagerschale im Eisenwerk Wülfel. H = Hobeln, F = Fräsen, Dr = Drehen, Sch = Schleifen, B = Bohren.)

Zum Schluß sei noch auf die mannigfache Verwendung hingewiesen, die perspektivische Skizzen im technischen Unterricht, in technischen Zeitschriften und bei Vorträgen finden können.

Neben den Übungen, die den Hauptinhalt dieses Buches ausmachen, sind auch Übungen zu empfehlen, bei denen ein Maschinenteil, dessen rechtwinklige Projektionen gegeben sind, perspektivisch darzustellen ist.

Ferner kann verlangt werden, einen durch eine perspektivische Skizze (z. B. Sk. 62) bestimmten Gegenstand in seinen rechtwinkligen Projektionen zu zeichnen.

---

[1]) Diese Fehler treten besonders klar zutage, wenn man die betreffenden Maschinenteile perspektivisch aufzeichnet.

6. Lösung konstruktiver Aufgaben. Schlußbemerkungen. 35

In Verbindung mit dem technologischen Unterricht werden Skizzen über die Bearbeitung von Einzelteilen (Sk. 63), ferner Skizzen von Kernen, Kernkasten, Preßformen usw. von Wert sein.

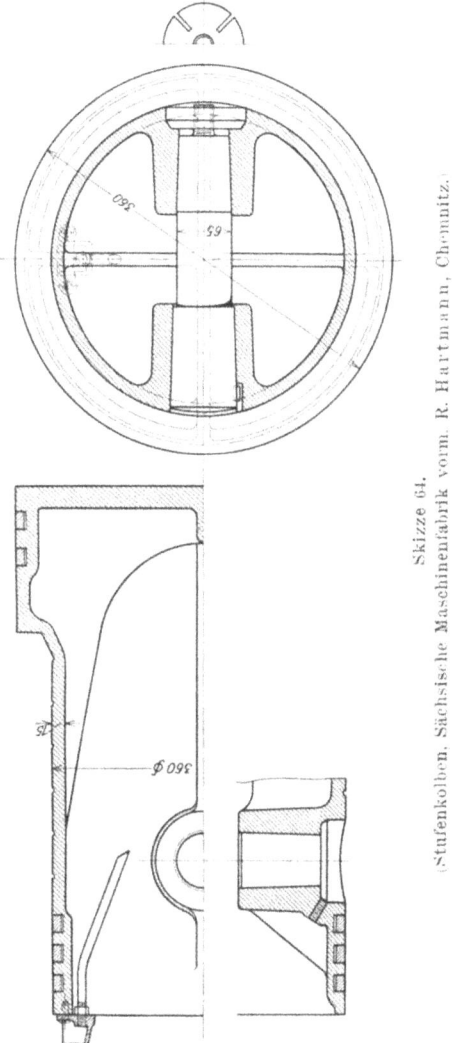

Skizze 64. Stufenkolben. Sächsische Maschinenfabrik vorm. R. Hartmann, Chemnitz.

So ist aus Sk. 65 der Kern zu einem Stufenkolben ersichtlich (vergl. Sk. 64).

36   6. Lösung konstruktiver Aufgaben. Schlußbemerkungen.

Zeigen die Skizzen 38, 39, 43, 44, 63 usw. den Zusammenhang zwischen der Gestalt und der Bearbeitung, so ergibt sich aus Bildern

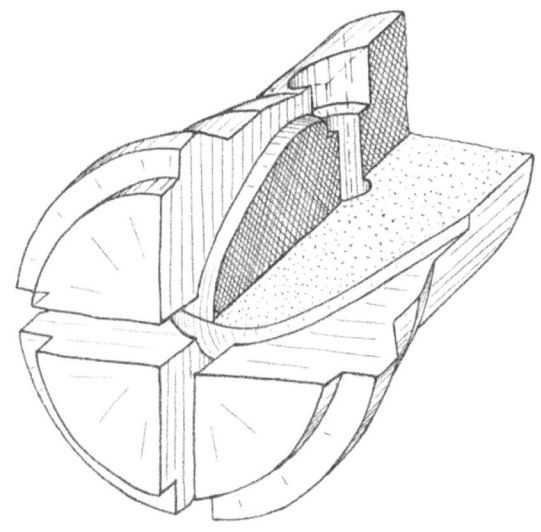

Skizze 65.

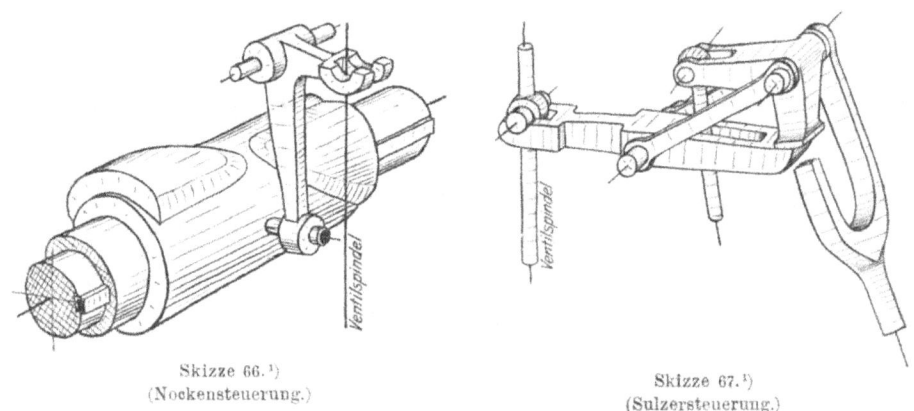

Skizze 66.[1]
(Nockensteuerung.)

Skizze 67.[1]
(Sulzersteuerung.)

nach Sk. 65 der für den Anfänger noch viel schwierigere Zusammenhang zwischen dem Gußkörper und der Gußform.

---

[1] Aus C. Matschoß: Die Entwicklung der Dampfmaschine.

6. Lösung konstruktiver Aufgaben. Schlußbemerkungen. 37

Endlich werden Perspektiv-Skizzen von Getrieben, Steuerungen, Gesamtanordnungen usw. (siehe die Skizzen 66, 67 und 68) am Platze

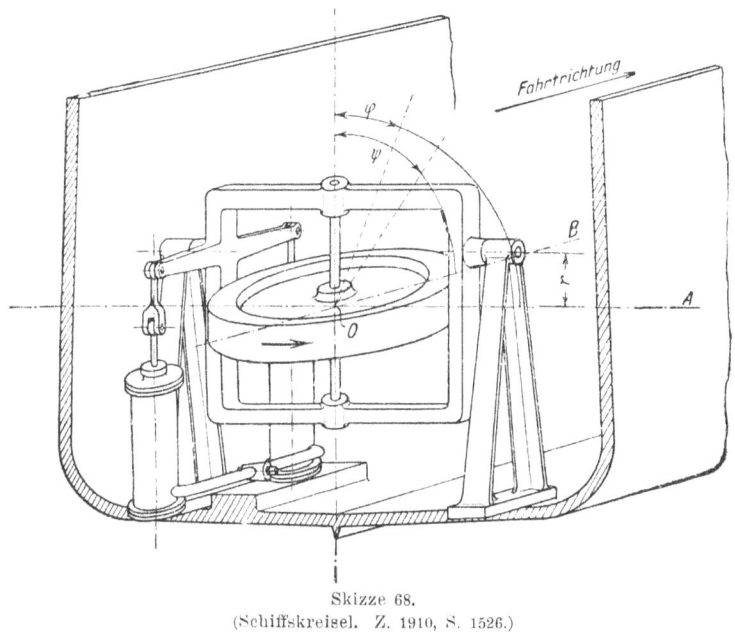

Skizze 68.
(Schiffskreisel. Z. 1910, S. 1526.)

sein, wenn der Beschauer aus Mangel an Vorstellungsvermögen nicht in der Lage ist, den Zusammenhang der einzelnen Teile aus den rechtwinkligen Projektionen herauszulesen, oder wenn man es ihm ermöglichen will, das Wesentliche rasch und auf einen Blick zu erfassen.

Verlag von Julius Springer in Berlin.

Entwerfen und Herstellen. Eine Anleitung zum graphischen Berechnen der Bearbeitungszeit von Maschinenteilen. Von Ingenieur **Carl Volk**. Mit 18 Skizzen, 4 Figuren und 2 Tafeln. In Leinwand gebunden Preis M. 2,—.

Das Skizzieren ohne und nach Modell für Maschinenbauer. Ein Lehr- und Aufgabenbuch für den Unterricht. Von **Karl Keiser**, Zeichenlehrer an der Städtischen Gewerbeschule zu Leipzig. Mit 24 Textfiguren und 23 Tafeln. In Leinwand gebunden Preis M. 3,—.

Technisches Zeichnen aus der Vorstellung mit Rücksicht auf die Herstellung in der Werkstatt. Von Ingenieur **Rudolf Krause**. Mit 97 Figuren im Text und auf 3 Tafeln. In Leinwand gebunden Preis M. 2,—.

Die Blechabwicklungen. Eine Sammlung praktischer Methoden, zusammengestellt von **Johann Jaschke**, Ingenieur in Graz. Mit 187 Textfiguren. Preis M. 2,80.

Trigonometrie für Maschinenbauer und Elektrotechniker. Ein Lehr- und Aufgabenbuch für den Unterricht und zum Selbststudium. Von Dr. **Adolf Heß**, Professor am kantonalen Technikum in Winterthur. Mit 112 Textfiguren. In Leinwand gebunden Preis M. 2,80.

Elementar-Mechanik für Maschinen-Techniker. Von Dipl.-Ing. **R. Vogdt**, Oberlehrer an der Maschinenbauschule in Essen (Ruhr), Regierungsbaumeister a. D. Mit 154 Textfiguren. In Leinwand gebunden Preis M. 2,80.

Hebemaschinen. Eine Sammlung von Zeichnungen ausgeführter Konstruktionen mit besonderer Berücksichtigung der Hebemaschinen-Elemente. Von Ingenieur **C. Bessel**, Oberlehrer an der Kgl. Höh. Maschinenbauschule Altona. Mit 34 Blatt Zeichnungen. Zweite Auflage erscheint im April 1911.

Das praktische Jahr des Maschinenbau-Volontärs. Ein Leitfaden für den Beginn der Ausbildung zum Ingenieur. Von Dipl.-Ing. **F. zur Nedden**. Mit 4 Textfiguren. Preis M. 4,—; in Leinwand gebunden M. 5.—.

Zu beziehen durch jede Buchhandlung.

Verlag von Julius Springer in Berlin.

Festigkeitslehre nebst Aufgaben aus dem Maschinenbau und der Baukonstruktion. Ein Lehrbuch für Maschinenbauschulen und andere technische Lehranstalten sowie zum Selbstunterricht und für die Praxis. Von **Ernst Wehnert**, Ingenieur und Lehrer an der Städt. Gewerbe- und Maschinenbauschule in Leipzig.
    I. Band: Einführung in die Festigkeitslehre. Zweite, verbesserte und vermehrte Auflage. Mit 247 Textfiguren.
                                              In Leinwand gebunden Preis M. 6,—.
    II. Band: Zusammengesetzte Festigkeitslehre. Mit 142 Textfiguren.   In Leinwand gebunden Preis M. 7,—.

Hilfsbuch für den Maschinenbau. Für Maschinentechniker sowie für den Unterricht an technischen Lehranstalten. Von Prof. **Fr. Freytag**, Lehrer an den technischen Staatslehranstalten zu Chemnitz. Dritte, vermehrte und verbesserte Auflage. Mit 1041 Textfiguren und 10 Tafeln.
        In Leinwand gebunden Preis M. 10,—; in Leder gebunden M. 12,—.

Die Dampfkessel. Ein Lehr- und Handbuch für Studierende technischer Hochschulen, Schüler höherer Maschinenbauschulen und Techniken sowie für Ingenieure und Techniker. Bearbeitet von **F. Tetzner**, Professor, Oberlehrer an den Kgl. Verein. Maschinenbauschulen zu Dortmund. Vierte, verbesserte Auflage. Mit 162 Textfiguren und 45 lithogr. Tafeln.
                                              In Leinwand gebunden Preis M. 8,—.

Entwerfen und Berechnen der Dampfmaschinen. Ein Lehr- und Handbuch für Studierende und angehende Konstrukteure. Von **Heinrich Dubbel**, Ingenieur. Dritte, verbesserte Auflage. Mit 470 Textfiguren.
                                          In Leinwand gebunden Preis M. 10,—.

Anleitung zur Durchführung von Versuchen an Dampfmaschinen und Dampfkesseln. Zugleich Hilfsbuch für den Unterricht in Maschinenlaboratorien technischer Schulen. Von **Franz Seufert**, Ingenieur, Oberlehrer an der Kgl. Höheren Maschinenbauschule zu Stettin. Zweite, erweiterte Auflage. Mit 40 Textfiguren. In Leinwand gebunden Preis M. 2,—.

Techn. Untersuchungsmethoden zur Betriebskontrolle, insbesondere zur Kontrolle des Dampfbetriebes. Zugleich ein Leitfaden für die Arbeiten in den Maschinenlaboratorien technischer Lehranstalten. Von Ingenieur **Julius Brand**, Oberlehrer der Königlichen Vereinigten Maschinenbauschulen zu Elberfeld. Zweite, vermehrte und verbesserte Auflage. Mit 301 Textfiguren, 2 lithogr. Tafeln und zahlreichen Tabellen.
                                              In Leinwand gebunden Preis M. 8,—.

Technische Messungen bei Maschinen-Untersuchungen und im Betriebe. Zum Gebrauch in Maschinenlaboratorien und in der Praxis. Von Professor Dr.-Ing. **Anton Gramberg**, Dozent an der Technischen Hochschule Danzig. Zweite, umgearbeitete Auflage. Mit 223 Textfiguren.
                                              In Leinwand gebunden Preis M. 8,—.

Zu beziehen durch jede Buchhandlung.

GPSR Compliance

The European Union's (EU) General Product Safety Regulation (GPSR) is a set of rules that requires consumer products to be safe and our obligations to ensure this.

If you have any concerns about our products, you can contact us on

ProductSafety@springernature.com

In case Publisher is established outside the EU, the EU authorized representative is:

Springer Nature Customer Service Center GmbH
Europaplatz 3
69115 Heidelberg, Germany

www.ingramcontent.com/pod-product-compliance
Lightning Source LLC
Chambersburg PA
CBHW060758110426
42873CB00033BA/373